职业教育传媒艺术类专业新形态教材 课书房 新/形/态/教/材

风景建筑速写

Sketch

of

landscape

architecture

主　编　刘　涛

副主编　杨　诺　陈　瑜

重庆大学出版社

图书在版编目（CIP）数据

风景建筑速写 / 刘涛主编. -- 重庆：重庆大学出版社, 2021.9

职业教育传媒艺术类专业新形态教材

ISBN 978-7-5689-2160-2

Ⅰ.①风… Ⅱ.①刘… Ⅲ.①建筑艺术—风景画—速写技法—职业教育—教材 Ⅳ.①TU204.111

中国版本图书馆CIP数据核字（2020）第098113号

职业教育传媒艺术类专业新形态教材

风景建筑速写

FENGJING JIANZHU SUXIE

主 编 刘 涛

副主编 杨 诺 陈 瑜

策划编辑：张菱芷

责任编辑：夏 宇　　装帧设计：琢字文化

责任校对：王 倩　　责任印制：赵 晟

*

重庆大学出版社出版发行

出版人：饶帮华

社　　址：重庆市沙坪坝区大学城西路21号

邮　　编：401331

电　　话：（023）88617190　88617185（中小学）

传　　真：（023）88617186　88617166

网　　址：http://www.cqup.com.cn

邮　　箱：fxk@cqup.com.cn（营销中心）

全国新华书店经销

重庆市国丰印务有限责任公司印刷

*

开本：787mm×1092mm　1/16　印张：11　字数：239千

2021年9月第1版　　2021年9月第1次印刷

ISBN 978-7-5689-2160-2　定价：58.00元

Preface

序

　　"风景建筑速写"是当前艺术设计类专业的基础实践课程，通过学习让学生学会怎样运用线条塑造形体和空间关系，达到快速解决造型能力的目的，为设计类专业的学生在后期的草图设计与表现技法阶段打下扎实的基础。

　　在高职艺术设计类专业人才培养方案中，一般安排有两周风景写生课程，学生通过本课程的学习，建筑速写水平将会有较大的提升。风景写生通常会去革命老区、有民族特色的地区和美丽乡村等地，学生能了解革命历史文化、民族特色和乡村风情，绘制当地的建筑、民族元素、乡村文化、图案及色彩等内容，为学生今后的设计课程打下良好的基础，让艺术助力乡村建设，打造"艺术乡建"，振兴乡村，同时也培养学生的创造思维能力和整体创作能力。

　　本教材共 48 学时，每周安排 4 学时，计划教学周为 12 周。本教材主要向学生讲授的内容有：风景建筑速写概述、基础训练、透视原理、构图和写生步骤、技法训练、作品鉴赏 6 个单元。内容丰富、手法新颖，涉及知识面广，课程融入了思政内容，通过对革命老区建筑风貌的描绘，强化学生吃苦耐劳的精神。每个单元结束后，学生需完成相关作业，每个作业都有明确的方法和步骤，并配备了网络学习课程。本教材采用图文并茂的方式，作品均是教师多年来的写生作品，学生还可以在网上进行立体化、多元化、自助式的学习，通过扫码分享网络图片资源并观看相关慕课视频。

二维码扫码即看

　　本教材可独立满足教学使用。此外，我们提供了数字资源辅助教学，教师、学生还可以使用"课书房"公众号"教学云平台"进行在线授课和学习。

配套资源使用

　　本教材提供的配套资源类型包括视频、图片、课件、延伸阅读文档（详见教材配套资源列表），正文中有配套资源的地方都有二维码。

教材配套资源列表

序号	知识点	内容	数字资源
1	风景建筑速写概述	"风景建筑速写"课程定位、概念、特点和分类	视频＋讲解＋图片
2	工具与材料	笔的种类、纸张的选择	视频＋讲解＋图片
3	素材的选取	户外写生、临摹照片、写生与创作	视频＋讲解＋图片
4	线条的对比	疏密对比、曲直对比、长短对比、大小对比、软硬对比	视频＋讲解＋图片
5	点线面的处理	点线面的认识与表现	视频＋讲解＋图片
6	黑白灰的处理	黑白灰的认识与表现	视频＋讲解＋图片
7	透视原理	消失点、近大远小、一点透视、两点透视、三点透视	视频＋讲解＋图片
8	一点透视的应用	一点透视原理	视频＋讲解＋图片
9	两点透视的应用	两点透视原理	视频＋讲解＋图片
10	三点透视的应用	三点透视原理	视频＋讲解＋图片
11	画面的取舍和添加	画面的取舍、添加	视频＋讲解＋图片
12	特殊式构图	一线天构图、圆形构图、半圆形构图、连环画式构图、图腾描绘	视频＋讲解＋图片
13	井冈山茅坪八角楼写生 (课程思政)	写生步骤	视频＋讲解＋图片
14	建筑物的表现技法	写生前的观察与分析、用铅笔进行大轮廓构图、绘制主体物、从左到右开始画、深入刻画、整体调整	视频＋讲解＋图片
15	植物的表现技法	树的画法	视频＋讲解＋图片
16	石头、水体的表现技法	石头的绘制、水体的绘制	视频＋讲解＋图片

"风景建筑速写" 课程情况

1. 课程学时：48 学时（理论学时：18 学时、实践学时：30 学时）

2. 课程性质：专业必修课

3. 建议修读学期：第二学期

4. 适用专业：视觉传达设计、环境艺术设计、产品艺术设计、建筑室内设计

5. 课程概况：

● 教学目的

　　① 激励学生放手试错，敢于在不断试错中学习。

　　② 突破求同的思维定式，提升视觉与感受的敏锐程度。

　　③ 让学生对建筑速写和色彩把握有较大的提高，到有民族特色的地区了解民族历史文化和当地风情，同时了解当地的建筑艺术、装饰风格、装饰纹样、民族元素、图案及色彩等内容，为学生以后的各项设计课程打下良好的基础，并培养学生的创造思维能力和整体创作能力。

● 课程地位

　　本课程为专业必修课，后续课程包括"效果图表现技法""构成艺术""环境艺术方案设计"等。本课程是设计教育的基础和开端，是艺术设计各个专业的必修、基础课程。

● 教学方法

　　本课程采用理论教学与实践教学相结合的教学方式，强调动手能力，强化互动学习。教学方法有理论讲授、课堂练习、快题训练、网络学习、案例分析等。

● 学时分配

学时分配	1 单元	2 单元	3 单元	4 单元	5 单元	6 单元	合计
理论学时	2	4	4	4	4	0	18
实践学时	0	4	6	8	10	2	30
合计	2	8	10	12	14	2	48

"风景建筑速写" 课程模块表

学习内容	教学重点	学时
1. 风景建筑速写概述	风景建筑速写的概念、特点及表现形式的分类	2
2. 风景建筑速写基础训练	风景建筑速写的工具与材料	2
	风景建筑速写素材的选取	2
	基础线条的表现形式与造型元素	4
3. 风景建筑速写透视原理	一点透视的应用	4
	两点透视的应用	3
	三点透视的应用	3
4. 风景建筑速写构图和写生步骤	风景建筑速写的构图原理	2
	风景建筑速写的构图形式	4
	风景建筑速写的写生步骤	6
5. 风景建筑速写技法训练	建筑物的表现技法	4
	植物的表现技法	4
	石头、水体的表现技法	3
	人物、汽车等配景的表现技法	3
6. 风景建筑速写作品鉴赏	作品鉴赏	2
评价标准		

A 级：优秀，熟练地掌握相应的技能标准
B 级：良好，比较熟练地掌握相应的技能标准
C 级：合格，基本掌握相应的技能标准
D 级：不合格，不能掌握相应的技能标准

Contents

目录

风景建筑速写

概述

[2 学时]

重点

掌握透视原理、表现形式、构图法则、写生方法与步骤。

难点

风景建筑速写的概念与表现形式的分类。

1. 概念

风景建筑速写是指用钢笔、铅笔、针管笔、书法笔等工具对室外风景、建筑通过线条艺术来表现的绘画形式。

2. 特点

风景建筑速写具有独特的审美价值，以线条作为塑造艺术形象的基本手段，线条有设计草图感和国画线条的艺术韵味。

3. 表现形式的分类

1）以线条为主的表现形式

> 画面中全部通过单线条来表现，没有多余的线条，讲究线条疏密对比关系，达到很好的画面效果。

刘涛

刘涛

2） 以光影为主的表现形式

画面讲究光影的表现和真实性，素描感很强，花的时间比较多。

涂强

涂强

3）以线面结合为主的表现形式

画面表现效果较好，需要高度概括对象，适合有一定基础的同学。

刘涛

　　通过上面的实例我们可以看出，三种表现形式都有各自的特点：第一种以线条为主的表现形式比较简单、快捷、轻松，容易学习；第二种以光影为主的表现形式需要的素描功底比较强，适合美术基本功比较好的同学；第三种以线面结合为主的表现形式画面感比较强，效果也比较好，需要同学将线描画到一定的程度再进行归纳。

　　对于初学者来说，老师推荐第一种以线条为主的表现形式，简单且容易掌握。

实训练习 摸底起步（60分钟）

老师说了这么多，大家在没有系统学习的情况下，可以先临摹一张画。这张临摹画一定要保存好，可以在后面的学习中做个对比，并与同学讨论关于风景建筑速写的心得。

刘涛

练习区域

2 单元

风景建筑速写
基础训练

[8 学时]

课题一　风景建筑速写的工具与材料（2 学时）

重点

掌握风景建筑速写中常用工具与材料的特点和使用方法，通过不同的工具与材料表现不同效果的速写作品。

难点

根据速写画面效果的不同要求，选择相应的作画工具与材料。

俗话说，工欲善其事，必先利其器。画好风景建筑速写的第一步就是亲身体验和实践不同的工具与材料，并熟悉其性能特点，做到成竹于胸。速写所需的工具与材料种类繁多，要想使画面产生不同的效果，可根据自己的喜好、速写对象的特点以及想要达到的画面效果自主选择，表现出符合切身感受的风格迥异的速写作品。

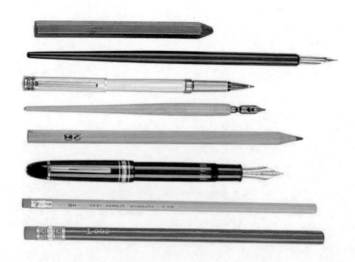

1. 常用工具与材料

1）笔类

（1）铅笔

　　在速写打稿时一般用 HB 铅笔，因为它软硬适中，不仅能在前期表达清楚设计者的意图，而且容易清理干净，不会影响后续的工作。铅笔的优势是其画出的线条比较细腻，极易深入刻画，劣势是容易油光。

刘涛

彩色铅笔可分为水溶性和油性两种。速写用彩色铅笔一般选用水溶性的，它的笔芯能够溶解于水，碰上水后，色彩晕染开来，可以实现水彩般透明的效果。

刘涛

（2）炭笔

　　炭笔有粗细、软硬之分，可根据画面效果灵活选用。在绘画的前期用较软的炭笔打稿，因为较软的炭笔易擦除，可反复修正，不伤画纸。在修饰细部时再用较硬的炭笔。炭笔作画可涂、可抹、可擦，也可做线条或块面处理，能做出很丰富的调子变化。

刘涛

（3）钢笔

　　普通钢笔主要分为标准型和斜体型。钢笔的优势是其画出的线条清晰明快，劣势是不易掌控。

刘涛

（4）针管笔

　　针管笔是绘制图纸的基本工具之一，有不同的粗细之分。针管笔作图顺序应依照先上后下、先左后右、先曲后直、先细后粗的原则，运笔速度及用力要均匀、平稳。

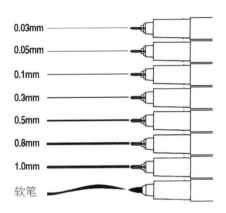

刘涛

（5）马克笔

　　马克笔是设计类相关专业经常使用的色彩工具之一，适合在设计草图阶段使用。马克笔可分为酒精性、油性和水性三种，是书写和绘画专用的一种绘图彩色笔。

涂强

涂强

2）纸类

（1）素描纸

素描纸纸质坚实、平整、耐磨、纹理细腻、不毛不皱、易于修改，一般选用粗糙一面进行作画。

素描纸

（2）速写纸（速写本）

速写纸比较光滑，较薄，速写时用笔较流畅。

速写本一般以 16 开、8 开、4 开居多。速写本易保存和携带。

速写纸   速写本

（3）复印纸

复印纸是初学者的首选，常用的尺寸有 A4 和 A3 等。

复印纸

3）辅助工具类

常用的辅助工具包括速写板、橡皮、小刀、透明胶布等。

速写板   橡皮   小刀   透明胶布

2. 其他工具与材料

　　除了以上常用工具外，还有许多可能会用到的工具，比如圆珠笔、色粉笔、水彩以及可以制造良好画面效果的特殊工具。随着速写技术的不断发展，还有许多工具是我们未知的。我们可以在今后的创作中不断地发掘和创造，这是一个充满趣味的过程。

刘涛

课题二　风景建筑速写素材的选取（2 学时）

重点

基本了解风景建筑速写常用的素材来源并掌握它们各自的特点，能很好地找准适合自己的表现方法。

难点

能根据自身需要选择好的风景建筑速写素材。

一幅好的风景建筑速写作品，选取建筑和场景素材至关重要，我们在进行速写创作时，主要从以下三个方面选取素材。

1. 户外写生

户外写生是练习风景建筑速写、积累素材最常用的方式，可以最直接地感受建筑周边风景的氛围和建筑整体的风格及构造。在学习过程中，授课地点从教室转移到户外，我们对具有风格和特点的建筑以及大自然景物进行直接描绘，感受不一样的风景，身心也会更舒畅。

户外写生可分为短期写生和长期写生两种。短期写生一般 1～2 天，通常选择相对较近的地点，现场写生和拍照收集照片同样重要。长期写生一般 1～2 周，通常会辗转多个地点。

提醒和建议：户外写生时，由于时间和地域的限制，有可能在规定的时间内无法完成速写，建议大家对景写生后，选光线较好的时候对写生的建筑及景物进行整体和细节的拍摄，以便之后修改画作时作为参考。

刘涛

2. 临摹照片

由于天气、课程、时间等各种因素的限制，外出写生不是每个教学阶段都能实现的，因此临摹建筑物照片是一种较为常见的练习风景建筑速写的手段。虽然当今摄影技术和网络技术发展迅猛，我们可以轻松地找到不同地域和风格的建筑图片进行临摹，但就身临其境地感受建筑和对建筑细节的研究与刻画等方面而言远远不及户外写生。

3. 写生与创作

在户外写生或照片临摹时，找到自己想要表现的建筑和景物后，有时因角度、条件和照片素材的限制，未能达到满意的构图及画面效果，就要发挥创作者的主观能动性，通过对照片中内容的取舍、添加、挪动等方法来改变已有的固定构图，加强视觉冲击力，达到预期想要的画面效果。

受天气和季节的影响，户外写生时会发生不可预知的情况，此时想要完成好的速写作品，需要融入自己的创作思维提升画面效果。如果当时未完成画作，可在写生原位置相同角度拍摄照片，供日后完成创作时作为参考。

婺源写生

课题三 基础线条的表现形式与造型元素（4 学时）

重点

学会使用线条，处理线条的疏密，以及处理点线面的关系。

难点

点线面与黑白灰的处理。

1. 线条的使用

欣赏了这么多好的风景建筑速写，我们发现优秀的作品其线条都有以下三个共同的特征：

①线条肯定，保持流畅、平滑。

②线条有很强的韵律和节奏感。

③线条讲究对比关系。

正确线条：

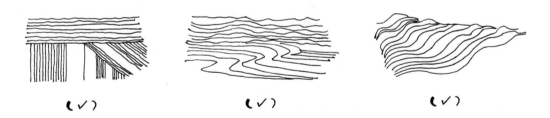

（✓）   （✓）   （✓）

线条在风景建筑速写中是最重要的表现手法，以下是初学者最容易出现的三个问题：

①线条不肯定，断断续续，犹豫不决。

②短线条较多，线条不连贯，出现一些点线。

③反复画，不断重复画线，线条显得凌乱。

错误线条：

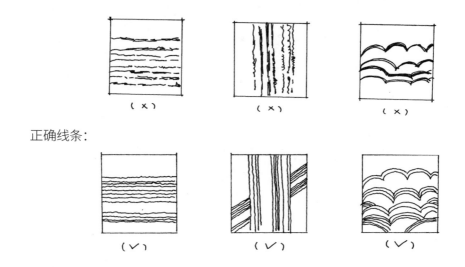

正确线条：

以上是初学者最容易犯的错误，同学们应引起重视。下面我们来看看握笔的姿势。

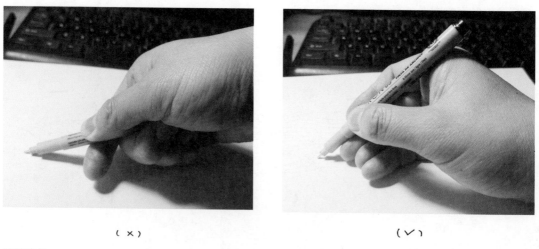

握笔姿势

实训练习一　练习画线条（20 分钟）

第一步，准备工具。

0.3mm、0.5mm、1.0mm 的针管笔各一支，签字笔，铅笔，卷笔刀。

第二步，线条练习。

要求：准备一张 A4 纸，手放松，线条适当有点抖动，从左到右，线条由疏到密，把纸画满，找到线条感觉。

直线练习

斜线练习

曲线练习

练习区域

2. 线条的对比

1）疏密对比

疏密对比在风景建筑速写中贯穿始终，疏密线条相互衬托，是画面中出彩的地方，也是线条对比中最重要的部分。

我们一起来看看上图的写生实例。在画面中要进行主观对比处理，如屋檐的地方用密集的线条来画，有瓦片的地方就省略其中一部分，形成相互衬托的关系，接下来再用密集的线条绘制。就这样，画面中疏密的线条相互衬托，形成强烈的对比关系，最后达到"疏可跑马、密不透风"的效果。

实训练习二　练习画疏密线条（10 分钟）

要求：准备一张 A4 纸，手放松，线条适当有点抖动，从左至右进行临摹，线条由疏到密，把纸画满，找到线条感觉。

 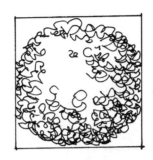 

练习区域

2）曲直对比

　　每个画面中都有直线和曲线，直线往往表现建筑物或硬物比较多，曲线更多地表现植物或柔软的物体。当直线和曲线放在一起产生对比时，直线显得更直，曲线显得更弯。下图中直线和曲线的对比就非常精彩且具有趣味性。

实训练习三　练习画曲线和直线（10 分钟）

要求：准备一张 A4 纸，手放松，线条适当有点抖动，从左到右，把纸画满，找到线条感觉。

曲线练习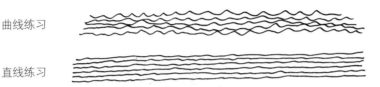

直线练习

练习区域

3）长短对比

　　每幅风景建筑速写画面中都有长线和短线。长线构成了整个画面的骨架或建筑物的结构框架，是画面的"骨"；短线构成了画面中的细节，是画面的"肉"。长线和短线合起来构成了画面的"骨肉"，长短对比可以增强画面效果，起到丰富画面表现的作用。

长线

短线

4）大小对比

任何一幅风景建筑速写画面都离不开大小对比。大可以理解为天空、草地、山脉、建筑物等广阔的物体，小可以理解为石头、花朵、动物等大自然微小的物体。如画面中大的山脉和小的石头形成强烈的大小对比，使画面形成大小间插，增加了画面的丰富性。

5）软硬对比

软硬对比与前面的曲直对比有相似之处。直的线条代表男性的力量，表现出比较硬的特征，弯曲的线条代表女性的柔美，表现出比较软的特征。在画面处理中往往采用软硬对比、刚柔对比的手法，使画面更加生动有趣。通常来说，建筑主体、房顶、瓦片等是画面中比较硬的部分，树叶、草丛等则是画面中软的部分。在实际作画中采用软硬对比可起到协调、丰富画面的效果。

实训练习四 软硬线条训练（10 分钟）

要求：准备一张 A4 纸，手放松，线条适当有点抖动，从左到右，线条由疏到密，体验线条的软硬特性，把纸画满，找到线条感觉。

练习区域

3. 点线面的处理

　　点是风景建筑速写中最小的单位，具有相对性和抽象性。在画面中点不是具象的，它可以有大小、形态、厚度之分。例如，一片叶子、一块石头、一个花盆等。在实际运用中，重点不仅在于点的外形，更在于点在整个空间中所起的作用。点的出现往往可以起到活跃画面、画龙点睛的作用。

　　线是风景建筑速写中最重要的表现形式，是一种高度提炼的表现手法。线在大自然中的景物和建筑中是不多见的，它是艺术家们在实践中创作出的有效表现手段，是抽象思维与形象思维结合的产物。从特征上来看，有粗线、细线之分；从形态上来看，有直线、曲线和斜线之分。直线给人挺拔、刚健之感；曲线给人柔美、温柔、委婉之感；斜线给人运动、不稳定、不安全之感。在风景建筑速写中，线不只是用来勾勒轮廓，还可以通过其疏密、长短、粗细、组合等手法来刻画细节，制造整体效果，形成画面的节奏感，使画面简洁明了。不同种类线条的运用可以达到不同的表达效果。

　　面是个抽象概念，无数的点和线的组合就构成了面。面影响着画面的整体性和统一性。没有面的风景建筑速写，是缺乏整体性的速写，画面就会显得杂乱无章。在风景建筑速写中，应将杂乱的细节统一在一面中。风景建筑速写不只是记录某个局部、某个形象，见黑画黑、见白画白的局部问题，更重要的是如何组织形象、处理画面的整体问题。应将局部的形体连接起来，使其成为互相联系的面。面就是画中的大局，大局一定，画面便固定下来。

　　点、线的大小、疏密组合可以表现画面的不同层次，如前后的空间虚实关系，区分主体物与次要物体，亮面、灰面、暗面的表达等。

实训练习五　点线面临摹（40 分钟）

　　要求：准备一张 A4 纸，手放松，线条适当有点抖动，临摹各种点线面，思考怎么将其运用到画面中，找到线条感，尽量把纸画满。

线的练习

线的练习

线的练习

灰面练习

灰面练习

灰面练习

点线练习

由深到浅的面的练习

练习区域

4. 黑白灰的处理

前面提到线条的对比关系，说明了线条对比的重要性，大家也知道了画面中线条的组织和表现是通过点线面中黑白灰来表现的。下面我们来研究一下黑白灰的具体表现。黑白灰是素描中常用的表现方法，在风景建筑写生中不能看见什么就画什么，一定要学会黑白灰的处理关系。

先看画面中黑白灰的布局。黑色是线条比较中最暗的部分，白色是主观留白的地方，灰色是画面中间的层次，最后形成画面的节奏感。

黑色是人眼看不到光的地方。黑色也代表着中国画中的墨色。黑色是以线条的形式出现，在风景建筑速写中首先应确定哪些是黑色，然后用黑色块或画面中最密集的线条表现。

白色与黑色相对，它是光线极强、没有色相的部分。中国画中白色常常称为留白，风景建筑速写中白色是一种意境，给人以无声胜有声之感。如下图中白色是作者有意留白，给人以无限想象的空间，同时加强了黑白对比关系，增加了画面的生动性和趣味性。

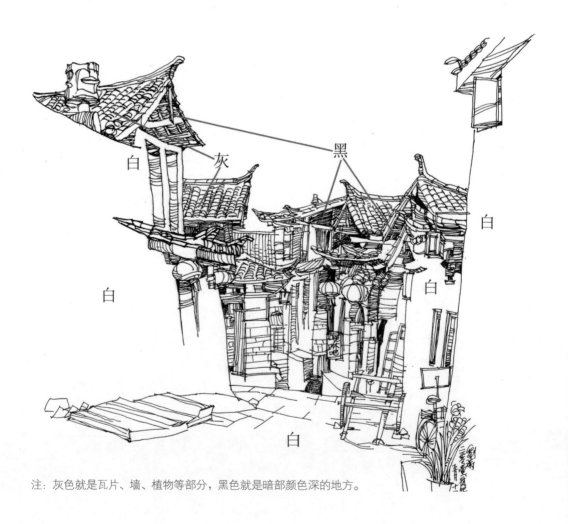

注：灰色就是瓦片、墙、植物等部分，黑色就是暗部颜色深的地方。

　　灰色调子在画面中占的面积是最多的，也是画面中出效果的地方。灰色要用线条或点来组织，层次也要有深浅变化。层次越多画面效果越好，如上图中瓦片、窗户、植物等都是灰色的处理。在处理灰色时一定要做到心中有数，加强变化，提高画面质量。

　　同学们，风景建筑速写中黑白灰是一个理性的概念，我们在实际应用中要学会分析，加强单项训练，有意识地强调黑白灰的处理。

实训练习六　黑白灰基础训练（15 分钟）

　　要求：准备一张 A4 纸，手放松，线条适当有点抖动，强调黑白灰关系，体验深色和灰色之间的过渡，找到素描感觉。

 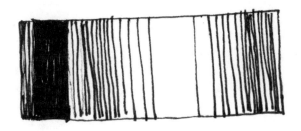

练习区域

单元评价表

单元评价点	评价标准	等级评价 (A/B/C/D)
1. 怎样用线	1. 线条肯定，保持流畅、平滑。 2. 线条有很强的韵律和节奏感。 3. 线条讲究对比关系。	
2. 线条的对比	1. 疏密对比。 2. 曲直对比。 3. 长短对比。 4. 大小对比。 5. 软硬对比。	
3. 点线面的处理	1. 点在风景建筑速写中是较小的单位，具有相对性和抽象性的特点。 2. 线是风景建筑速写中最重要的表现形式，是一种高度提炼的表现手法。 3. 面是抽象概念，无数点和线的组合就构成了面。	
4. 黑白灰的处理	1. 用黑色块或画面中最密集的线条来表现黑色。 2. 白色是光线极强、没有色相的部分，往往用留白来表现。 3. 灰色通常用线条或点来组织，层次也要有深浅变化。	
改进计划		

风景建筑速写
透视原理

[10 学时]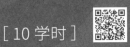

透视形成的基本原理

　　"透视"一词来自希腊语，意思是透过透明平面来观察景物，从而研究它们的形状。当我们观察景物时，由于站立的高度、注视的方向和距离的远近等因素的影响，景物的形象常常与实际状态有所不同，会产生变化，比如同样的树木越远变得越小，同样宽的道路越远变得越窄等。类似这样近大远小、近宽远窄、近高远低、近实远虚的现象被称为透视现象。

透视的特点

　　近大远小、近宽远窄、近高远低、近实远虚、水平方向的平行支线、延长线都将在远方消失于一点，这种现象符合人眼的视觉习惯和规律，给人以真实感和立体感。

课题一　一点透视的应用（4 学时）

重点

了解透视形成的原理和发展历史，掌握一点透视的基本规律，能熟练地将一点透视理论知识应用到风景建筑速写和室内设计手绘效果图中。

难点

理解一点透视的原理并能应用到风景建筑速写训练和室内设计手绘效果图训练中。

1. 一点透视的定义

一点透视也称平行透视。画者的视线与所画物体的立面成直角，物体边线的消失线最终交于一点。以矩形为例，在发生透视时，矩形的边线有一组或两组向视平线上的消失点集中，所产生的透视称为一点透视。

2. 一点透视的特点（以正立方体为例）

　　①正立方体恰好处在消失点的位置时，只能看到一个无透视变化的正方形原面。

　　②正立方体处在消失点以外的视平线和正中线上时，可以看到两个面，即正方形原面和一个侧立面或水平面。

　　③正立方体最多可看到三个面，即正方形原面和一个侧立面及水平面，或是正方形原面和两个斜面。

实训练习一 一点透视方体临摹（20 分钟）

要求：注意找准视平线和消失点。

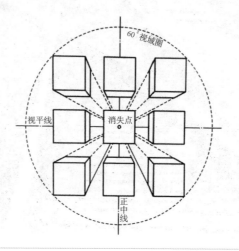

练习区域

实训练习二　一点透视建筑场景表现训练（40 分钟）

要求：选取学校教学楼一角，找准视平线和消失点，完成一幅速写作品。

练习区域

教师示范

学生作品 1

学生作品 2

作品分析

在完成作品之前，先仔细观察照片中的教学楼和树木、草坪之间的比例透视关系，找准画面中的消失点和地平线。

我们可以看到，画面中树木和教学楼之间的距离由宽向远处变窄，最后在远方相交消失于一点，由此可判断为一点透视。学生作品 1 树木和高建筑物相交消失于一点，但远处矮建筑物并未相交消失于该点，消失点表现错误，学生作品 2 消失点相对正确；地平线在整幅画面处于中间偏下的位置，学生作品 1 地平线在画面中间位置，不正确，学生作品 2 地平线相对正确；另外，学生作品 1 教学楼与树木的比例关系不正确。因此，学生作品 2 完成得更好。

希望同学们在此幅作品绘制的过程中，把握好画面的比例透视关系，找准消失点和地平线，并运用不同长短的线条表现出丰富的画面效果。

3. 一点透视在室内设计中的运用

在室内设计效果图表现中，首先应判断室内空间中的消失点和视平线的位置。以下图为例，客厅内左右墙壁的距离逐渐向远方变窄，家具、地毯、地砖呈现出近宽远窄、近大远小、近高远低的视觉效果；室内空间中四条墙角线逐渐在远方相交消失于一点，由此可判断为一点透视。

在绘制一点透视室内效果图时，应先找准视平线、消失点的位置，画出空间中的四条墙角线，再融入家具、灯具、地毯等装饰元素，注意线条的流畅和室内物品的比例。

同学们，让我们大胆尝试，一起来临摹下图吧！

练习区域

课题评价表

课题评价点	评价标准	等级评价 （A/B/C/D）
1. 一点透视（平行透视）概念理解	1. 是否理解一点透视的基本原理。 2. 画面中有一个消失点。	
2. 找准视平线	正确判断视平线的位置。	
3. 找准消失点	画面中或者向画面外延伸有一个消失点。	
改进计划		

课题二　两点透视的应用（3 学时）

重点

掌握两点透视的基本规律，能熟练地将两点透视理论知识应用到风景建筑速写中，并能运用到室内设计手绘效果图表现中。

难点

理解两点透视的原理，并能应用到风景建筑速写训练和室内设计手绘效果图训练中。

1. 两点透视的定义

两点透视也称成角透视。两点透视中绘画者视线与所画物体的立面所成的夹角为锐角，左右两个侧面有两个消失点。以立方体为例，正方体的水平线均不与画面平行，也不垂直，即与画面成任意角度时，所产生的透视为两点透视。

2. 两点透视的特点

①一个角与画面相对，立方体中原来垂直的线依然保持垂直。

②原来平行的线都发生透视变化，所有变化的线条向左右两个消失点延伸并消失。

实训练习一 **两点透视方体临摹（20 分钟）**

要求：注意找准视平线和消失点。

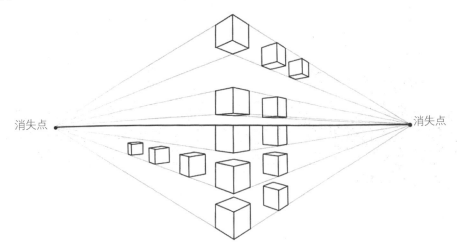

消失点　　　　　　　　　　　　　　　　　消失点

练习区域

实训练习二 两点透视建筑场景照片写生（40 分钟）

要求：下图为学校教学楼一角，请找准视平线和消失点，完成一幅速写作品。

练习区域

教师示范

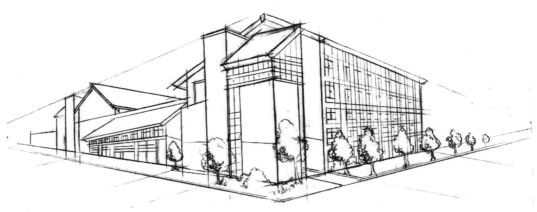

学生作品 1

学生作品 2

作品分析

　　在完成作品之前，先仔细观察照片中的教学楼和树木、道路之间的比例透视关系，找准画面中的消失点和地平线。

　　我们可以看到，画面中间的建筑物最高，两边的建筑物逐渐变矮，并向两边延伸消失，在画面外形成两个消失点，由此可判断为两点透视。学生作品 2 中，建筑物都一样高，没有形成向画面两边变矮的趋势，也没有形成两个消失点；树木和建筑物的比例关系不正确。学生作品 1 相对正确，画面中出现两个消失点，建筑物高矮错落的比例基本正确。因此，学生作品 1 完成得更好。

3. 两点透视在室内设计中的运用

　　在室内设计效果图表现中，首先应判断室内空间中的消失点和视平线的位置。以下图为例，两面墙壁墙角线逐渐向远方变得越来越窄，且形成两个消失点，由此可判断为两点透视。

　　在绘制两点透视室内效果图时，应先找准视平线和两个消失点的位置，画出空间中的四条墙角线，再融入家具、电器、地毯等装饰元素，注意线条的流畅和室内物品的比例关系。

　　同学们，让我们大胆尝试，一起来临摹下图吧！

练习区域

课题评价表

课题评价点	评价标准	等级评价（A/B/C/D）
1. 两点透视（成角透视）概念理解	1. 是否理解两点透视的基本原理。 2. 画面中有两个消失点。	
2. 找准视平线	正确判断视平线位置。	
3. 找准消失点	画面中或向画面外延伸有两个消失点。	
改进计划		

课题三　三点透视的应用（3 学时）

重点

掌握三点透视的基本规律，并能熟练地将三点透视理论知识应用到风景建筑速写中。

难点

理解三点透视的原理，并能应用到风景建筑速写训练中。

1. 三点透视的定义

三点透视也称斜角透视，是指在画面中有三个消失点的透视。仰视或俯视高大的建筑物时，垂直的建筑物会产生倾斜的感觉。

2. 三点透视的特点

①瓦房顶（尖顶房房顶）、陡坡、楼梯等不规则斜面所形成的三点透视，随着视点的变化，消失点会随之左右移动。

②由于景物、建筑物过于高大，平视看不到全貌，则需要仰视或俯视。当仰视或俯视已形成成角透视的建筑物时，会形成三个不同方向的消失点，即三点透视。

实训练习一 三点透视方体临摹（20分钟）

要求：注意找准视平线和消失点。

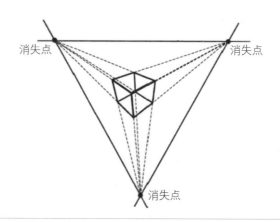

练习区域

实训练习二 三点透视建筑照片写生（40 分钟）

要求：下图为学校东校门一角，找准视平线和消失点，完成一幅速写作品。

练习区域

教师示范

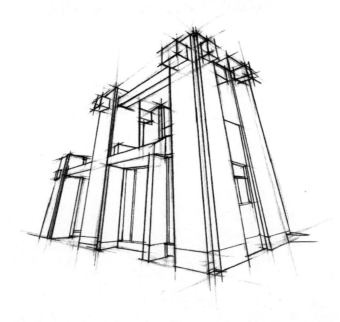

学生作品 1

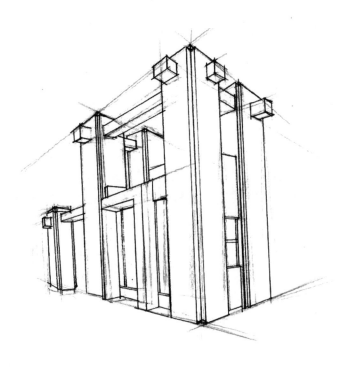

学生作品 2

作品分析

　　在完成作品之前，先仔细观察照片中学校校门的特点，找准画面中的消失点和地平线。

　　我们可以看到，观察者处于仰视的角度，校门上窄下宽，产生倾斜的视觉效果，向空中产生一个消失点，校门左右两边近高远低形成两个消失点，由此可判断为三点透视。学生作品2中，画面没有表现出仰视的视觉效果，也没有向空中产生消失点；学生作品1相对正确，画面表现出仰视的视觉效果，且产生了三个消失点。因此，学生作品1完成得更好。

课题评价表

课题评价点	评价标准	等级评价 (A/B/C/D)
1. 三点透视（斜角透视）概念理解	1. 是否理解三点透视的基本原理。 2. 画面中有三个消失点。	
2. 找准视平线	正确判断视平线位置。	
3. 找准消失点	画面中或向画面外延伸后有三个消失点。	
改进计划		

4 单元

风景建筑速写
构图和写生步骤

[12 学时]

课题一　风景建筑速写的构图原理（2 学时）

重点

掌握风景建筑速写的构图原理，学会构图中近景、中景、远景的关系以及画面的取舍和添加。

难点

学会构图的取舍和添加，达到画面整体协调与统一。

1. 构图原理

　　风景建筑速写主要培养和体现人们的构图审美能力，与我们平时的照相构图有很多相似之处。在进行风景建筑速写构图时，主要体现视线的位置和主要形象的轮廓。为了集中反映主要对象，可以把某些次要对象省去不画，或在合理的范围之内改变它们的位置，使构图更加明确，主要对象更加突出。在构图时一定要注意近景、中景、远景的关系，通常把中景作为画面的主要部分，其他为辅助部分。风景建筑速写构图就是要突出主体，控制好画面的整体关系，写生时一定要多加思考，最终达到分清主次、虚实结合、疏密得当、层次分明的效果。

2. 画面的取舍和添加

　　我们在进行风景写生时，不能看见什么就画什么，应努力去发现大自然中的美，留下能体现主体的审美对象，保持画面的整体性，把不美观、不需要、难度较大的对象舍去，根据画面的需要进行景物的添加，最终达到画面的整体和谐统一。

取景框实训练习

第一步：拇指和食指做成 90° 角，其他手指紧握，单手旋转组合成长方形取景框。模仿取景框，可以自由取景，自由练习。

手型取景框示意图

第二步：观察取景框里的近景、中景、远景，一定要清楚主要对象是什么，哪些是我们需要的，哪些是我们不需要的。

作品分析

　　画面对近处的草、远处的树、右边的街景都进行了省略，墙壁纹理太多不好表现，也进行了省略并大量留白，而对近处的花盆、远处的电杆和树进行了添加，整体的取舍与添加既丰富了画面，又充满了生活情趣。

作品分析

　　古镇写生最大的难点就是人特别多，学生对人物表现很难把握，建议将近处的人物大量省略。画面主要体现桥和古建筑的关系以及江南水乡的特色，绘画者将图中的人物全部省略，远处的树和近处的桥也做了部分省略，另外还添加了船，让画面显得更有江南古镇的韵味。

实训练习一 临摹一张取舍的实例（60 分钟）

要求：一定要用心去体会取舍和添加的内容，体会怎样才能让画面更好。

练习区域

实训练习二　写生取舍和添加训练（60 分钟）

要求：主要建筑物突出，周边环境大量取舍，学会主观处理。

练习区域

课题评价表

课题评价点	评价标准	等级评价 (A/B/C/D)
1. 构图的整体性和审美性	1. 构图中主体物是否突出。 2. 画面的整体韵律和节奏感。 3. 刻画是否到位，够不够精彩，有没有看点。	
2. 构图的基本方法	1. 有无近景—中景—远景的构图意识。 2. 画面中是否分清主次、虚实结合、疏密得当、层次分明。	
3. 构图的添加和取舍	1. 中景部分是否为画面的主体部分。 2. 物体的取舍和添加是否到位。	
改进计划		

课题二　风景建筑速写的构图形式（4 学时）

重点

掌握风景建筑速写的常用构图形式及构图技巧。

难点

学会特殊构图的方法与技巧。

1. 水平式构图

　　水平式构图是指主要由横向的水平线构成基本画面的构图形式。水平式构图往往给人安静、平稳、舒畅的视觉感受，适用于表现广阔无垠、平坦开阔的景物，如浩瀚的大海、辽阔的草原等。

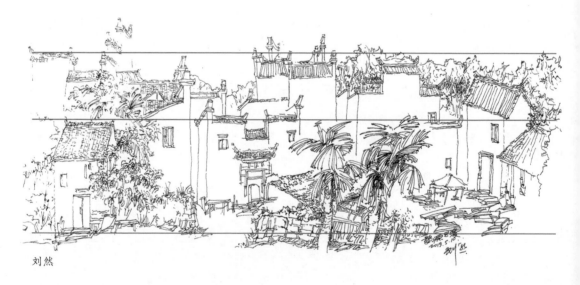

刘然

作品分析

　　作品描绘的是江西婺源村落，整个画面采用水平式构图，房屋高低错落，但处于一个水平面，整个轮廓从左到右，线条保持平衡，突出了村落的宁静，有一种宁静致远之感。

刘涛

作品分析

　　图为合川钓鱼城牌坊线描，画面由四条平行线组成水平式构图，显得平静、庄严，画面平衡，符合整个建筑风格，有一种肃然起敬之感。

2.S 形构图

　　S形构图是指物体以S形状从前景向中景和后景延伸，画面构成纵深方向空间关系的视觉感。

刘涛

作品分析

　　作品中房屋从上到下以S形排列组合，省略了大量的环境，体现了贵州千户苗寨的蜿蜒崎岖，给人以深邃、无尽之感。这种构图形式常见于描绘河流、大量建筑、道路等，画面比较生动，富有空间感。

刘涛

作品分析

作品以古建筑为主体，高低错落的古建筑沿着 S 形的小路通向远方。画面中小路与古建筑形成鲜明的疏密对比，表现出强烈的节奏感。

3. 三角形构图

三角形构图是指根据画面中上、下、左、右点形成的较平稳的构图方式。这种三角形可以是正三角，也可以是斜三角或倒三角，其中斜三角较为常用，也较为灵活。三角形构图具有安定、均衡但不失灵活的特点。

刘涛

作品分析

作品主要采用三角形构图，使丽江的建筑显得非常安静和稳定。该建筑刚好处于一个拐角处，左右两边的街道一目了然，给人豁然开朗的感觉。

4. 散点式构图

　　散点式构图是中国画的传统构图形式。散点式构图的视点是移动的，不固定在一个地方，也不受视域的限制，根据需要把多个不同视点看到的情节组织在一起，并巧妙地连接起来，构成一个完整的画面。简单地说，就是对多个不同视点感官视觉形态的解构，如张择端的《清明上河图》。

张择端《清明上河图》（局部）

5. 特殊式构图

　　在写生过程中往往需要灵活地处理构图，而一些特殊式构图（一线天构图、圆形构图、半圆形构图、连环画式构图等）会给我们带来意想不到的效果。特别是对于学习艺术设计的同学来说，一定要打破常规思维，结合自己的专业进行特殊式构图处理，让自己的写生作品变得更加丰富多彩，为今后的设计课程打下坚实的基础。

一线天构图

圆形构图

半圆形构图

连环画式构图

　　根据所学专业的不同，我们还可以采用多种表现形式，如纹样放大、木雕雕花等局部描绘方式。

纹样放大

木雕雕花

实训练习一　特殊式构图临摹（30 分钟）

要求：临摹两个特殊式构图实例，用心体会构图内容。

练习区域

实训练习二 特殊式构图组合训练（40 分钟）

要求：先自由选取一组线描画面，再选取一幅特殊式构图的方法进行构图组合训练，把线描融入特殊式构图，主要突出特殊式构图的形式，强调创新构图思维。

练习区域

课题评价表

课题评价点	评价标准	等级评价 (A/B/C/D)
1. 水平式构图	1. 线条肯定，保持流畅、平滑。 2. 水平式构图更多的是体现安静、平稳、舒畅。 3. 线条讲究画面整体关系。	
2.S 形构图	1. 线条有很强的韵律和节奏感。 2. 能否正确地运用 S 形构图。	
3. 三角形构图	1. 使画面显得更加平稳与和谐。 2. 中心区域为画面的重心。	
4. 散点式构图	1. 能举例散点式构图的实例。 2. 散点式构图在实际中的应用。	
5. 特殊式构图	1. 能否分清特殊式构图的不同表现形式。 2. 是否掌握两种特殊式构图技巧。	
改进计划		

课题三 风景建筑速写的写生步骤（6 学时）

重点

掌握风景建筑速写的写生步骤，注意近景、中景、远景的相互关系。

难点

学会局部和整体、细节的取舍，注意画面整体性的把握。

1. 需要准备的材料与工具

写生凳子、针管笔（0.3mm、0.4mm、0.5mm、1.0mm）、铅笔、橡皮、速写本等。

2. 风景建筑速写写生步骤

步骤一：写生前的观察。整体观察写生对象，思考近景、中景、远景在画面中的关系，主体物为中景廊桥，应取舍哪些部分，做到心中有数。（5 分钟）

步骤二：用铅笔进行大轮廓构图。用轻松的线条尽量概括，切忌拘谨，整体体现大的建筑结构关系，颜色不要太重。构图充分考虑比例、结构、近景（石台阶）、中景（廊桥）、远景的关系以及整体关系。（10 分钟）

　　步骤三：用针管笔从近景部分开始绘制。从最近的路开始画，近景是点缀部分，不宜画得太多，可以在画面完成后进行深入调整。线条表现过程是由近景到中景再到远景，线条要生动、潇洒，注意疏密关系和细节的把握。（10分钟）

步骤四：深入刻画。根据画面需要充分考虑线条疏密变化，瓦当、瓦片、窗户是线条较密的地方，墙面多进行留白处理。水纹不要画得太多，重点刻画主体物，近景的竹筏可以适当简化。（30 分钟）

步骤五：整体调整。用橡皮擦掉铅笔痕迹，根据画面进行画龙点睛的处理，如桥下植物的添加、桥面黑白灰的处理、线条疏密的变化、远处树的添加，让整个画面主体物（廊桥）突出、有趣味，达到和谐的整体画面效果。（15 分钟）

实训练习一 临摹（60 分钟）

要求：临摹上图，用心去体会写生步骤。

练习区域

实训练习二 井冈山茅坪八角楼照片写生（60 分钟）

八角楼是毛泽东、朱德等红军领导人曾居住和办公的地方，也曾是湘赣边界工农武装割据斗争的指挥中心，在此曾举行过很多关于革命未来发展前途以及红军建设的重要会议。可以看出，当年毛泽东同志率领红军在井冈山的斗争非常艰苦，我们党的优良传统和革命精神就是在此建立起来的，这种优秀的革命传统我们永远不能丢弃，要好好传承和发扬。

要求：根据本课题写生步骤，进行井冈山茅坪八角楼照片写生训练。认真体会前辈的革命精神，注意构图和取舍。画前要思考近景、中景、远景在画面中的关系，主体物是八角楼，取舍哪些部分，做到心中有数。画面讲究疏密线条对比，墙壁要大量取舍。

练习区域

课题评价表

课题评价点	评价标准	等级评价 (A/B/C/D)
1. 画面整体感，整体铅笔构图过程	1. 画面有很强的韵律和节奏感。 2. 讲究画面整体关系。 3. 铅笔整体构图过程，时间控制在 20 分钟以内。	
2. 线条的使用和线条的对比	1. 线条的疏密等各种对比关系是否到位。 2. 画面点线面的处理。 3. 画面黑白灰的处理。 4. 线条肯定，保持流畅、平滑。	
3. 写生步骤	1. 有无近景—中景—远景的构图意识。 2. 中景部分是否为画面的主体部分。 3. 物体的取舍、添加是否到位。	
4. 主体物的刻画	刻画是否到位，够不够精彩，有没有看点。	
改进计划		

5 单元

风景建筑速写
技法训练

[14 学时]

    风景写生时，我们经常会碰到需要绘制难度较大的物体，如建筑物、植物、石头、水体、人物等，本单元主要给同学们提供部分写生技巧，有明确的方法和步骤，是老师多年写生的体会，使同学们可以在短时间内快速有效地掌握基本技法，从而达到较好的效果。

课题一　建筑物的表现技法（4 学时）

重点

掌握风景建筑速写中建筑物的写生步骤和线条的表现技法。

难点

风景建筑速写中建筑物的透视处理。

步骤一：写生前的观察与分析。整体观察写生对象，思考近景、中景、远景在画面中的关系。左边的建筑为画面的主体物，可表现细致一些；右边的建筑是近景部分，可以弱化，远景建筑主要起衬托作用。由于整个画面道路高低不平、弯弯曲曲，导致建筑物透视不规律，透视消失点较多，一定要找准视平线，找到三个主要的消失点，把透视画准确。部分电线和小物件可适当取舍，做到心中有数。（5 分钟）

实景图

建筑物透视分析图

步骤二：用铅笔进行大轮廓构图。用轻松的线条尽量概括画面整体的形，切忌拘谨，体现大的建筑结构关系和透视关系，颜色不要太重。构图中充分考虑比例、结构关系，画出透视视平线，认真分析画面建筑物的透视关系。画面细节可以少画，铅笔在构图过程中起到定位的作用，初学者一定要有这个步骤。（15分钟）

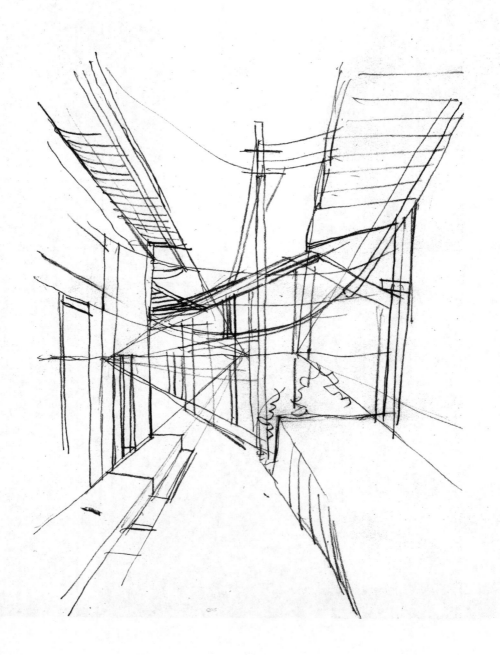

　　步骤三：绘制主体物。用针管笔从左边的主体物开始绘制，一定要注意建筑物的透视与结构关系。暗部线条可以多画一些，但不宜过多，可以在最后完成时进行整体调整。线条表现过程是从左景到右景再到远景，线条一定要生动、潇洒，体现疏密关系和细节。（15分钟）

步骤四：从左到右开始画。右面建筑物是画面的辅助部分，起到平衡画面的作用。由于建筑物不规则，产生了新的透视点，可以把屋檐和地面进行大量留白处理。电线和小物件太多，一定要进行取舍，也可适当简化。（10 分钟）

步骤五：深入刻画。根据画面需要充分考虑线条疏密变化，远处的房屋要弱化处理，但透视和结构一定要准确，墙面和路面多进行留白处理。要让画面中近处物体的线条多一些、密集一些，远处的线条少一些，这样可以塑造出前后空间关系。（20分钟）

步骤六：整体调整。用橡皮擦掉铅笔痕迹，根据画面需要进行画龙点睛的处理，如主体物暗部加深、路面添加、线条疏密变化等，点线面、黑白灰的处理让整个画面主体物更加突出，同时又体现了老街的生活情趣，达到整体和谐的表现效果。（15 分钟）

实训练习一　临摹训练（80 分钟）

要求：根据本课题步骤图进行临摹训练，初学者一定要选用铅笔起形，注意画面建筑物的透视关系，从近处画到远处，学会取舍。

练习区域

实训练习二　建筑物单项训练（20 分钟）

要求：写生过程中，建筑物的瓦片、瓦当、门窗是比较难画的，我们可以不断练习，找到其基本规律。请同学们从以下图例中临摹三个不同类别的建筑物件。

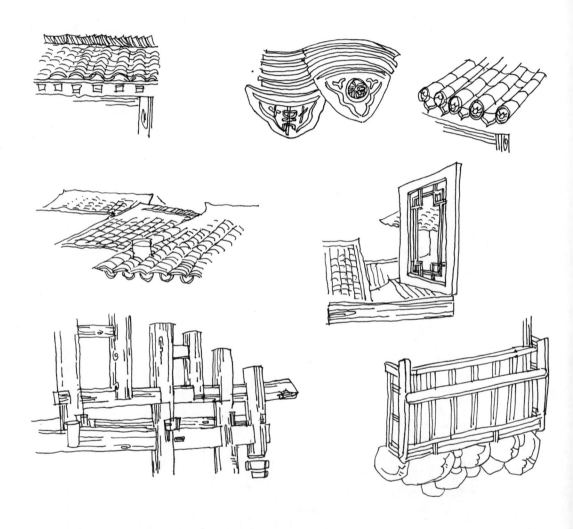

练习区域

课题评价表

课题评价点	评价标准	等级评价（A/B/C/D）
1. 作画步骤	1. 用铅笔定点、起形。 2. 主体物是否突出。 3. 从近处画到远处。	
2. 透视关系	1. 建筑物的一点透视是否到位，视平线是否准确。 2. 能否灵活应用透视原理进行绘制。	
3. 画面取舍	1. 画面中取舍部分是否得当。 2. 画面中是否有留白的地方。	
4. 整体效果	1. 线条肯定，保持流畅、平滑，疏密得当。 2. 主体物突出，前后关系明确。 3. 画面整体点线面、黑白灰是否到位。	
改进计划		

课题二 植物的表现技法（4 学时）

重点

能分析植物的生长规律及特点，并掌握植物的表现技法与运用。

难点

对不同植物的形态把握以及枝叶的取舍表现。

1. 了解树的生长规律，掌握树的造型特点

树的种类不同，形状与结构也不同，且有着自身的生长规律。

①观察树的形态特点，将其大体外轮廓看成几何形体，一般可概括为伞形、锥形、球形、半球形等。

②深入观察分析各种树的外形特征，下笔时先轻轻定出树的外形，再运用线条表现枝叶和枝干，注意枝叶体积感的表现。

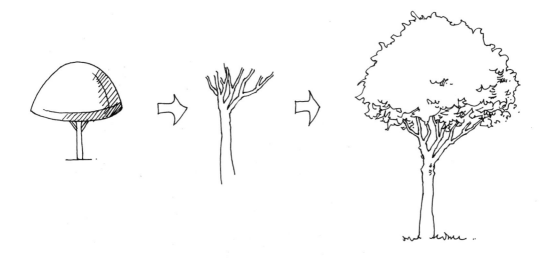

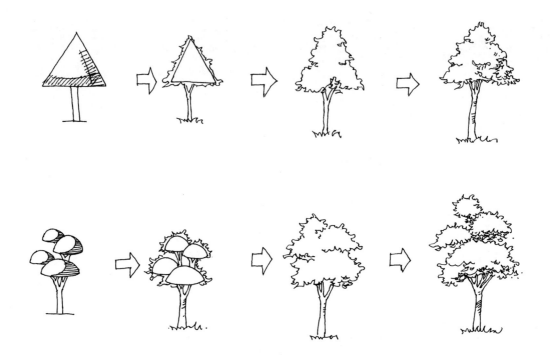

2. 树干的画法

理解不同树种树干的变化，表现出树的挺拔有力和分量感。枝干可以看作圆柱体进行表现，但应注意线条的特征：枝干与圆柱体的区别在于，枝干外部有树瘤、结节等突出物，因此线条不能太平滑，应注意不规则的线条表现。

杨诺

3. 树枝的画法

选取一些枯树枝或者从落叶树入手，观察树木结构的表现。注意树干与树干之间的关系以及树枝四周空间伸展的特点。

先画树干，后画树枝，被树叶遮挡的枝干部位先空着，沿着树干的根部往上表现枝干的走向。树干与枝条的动态要一气呵成，能上下连接起来。对影响枝干动势、形态美的部分树干或树枝可以省略不画，一定要注意画面的取舍。

应注意每一段枝干不同倾斜角度的透视变化，同时注意枝与干、枝与枝的穿插重叠，以及前后上下左右的关系，不要将枝干都画在一个平面上。

树种不同其姿态各异。杉树、白桦树干挺拔，柳树树干较大，树枝转弯向上，细枝条向下垂。河边垂柳树干一般倾向河的方向，松树树干虽然不是很直，但劲挺的姿态给人以不屈的感受。我们在画树时，可以利用叶片与树枝的形态进行一个大致的区分。对树干有了总体印象后，画起来就比较容易了。除了姿态以外，不同树种在纹理上也有各自的特征，作画时要特别留意。另外，画几棵树在一起时，要注意树干各自的姿势及相互的呼应关系。

刘涛

杨诺

杨诺

杨诺

4. 树叶的画法

　　勾画树叶时，不要机械地一片一片地勾画，要根据树叶的不同形态，概括出不同的样式加以描绘，也可根据树叶组成的团块进行明暗体积、层次的描绘。在适当的地方，如一些外轮廓或突出的明部，还可以作一些树叶特征的细节刻画。

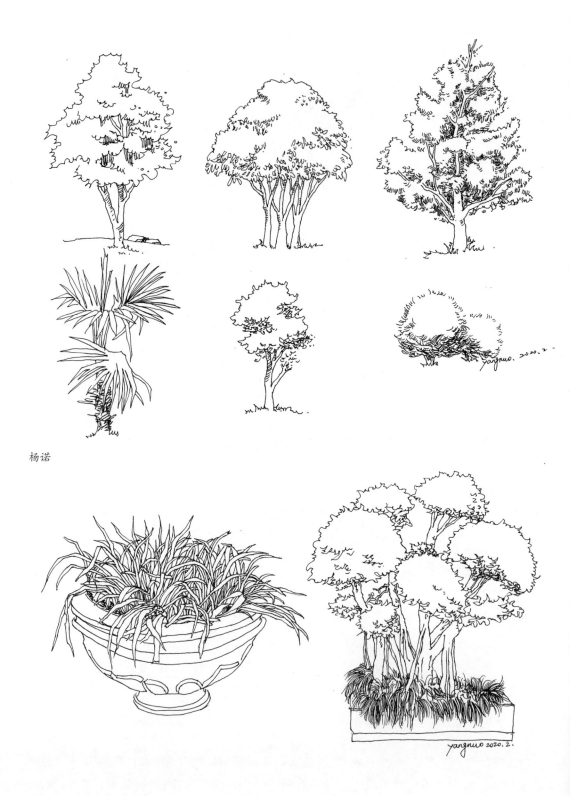

杨诺

杨诺

杨诺

杨诺

实训练习一 植物绘制训练（20 分钟）

要求：请根据本课题所列不同树种，临摹不同特征的树木。

练习区域

实训练习二　自行拍照感兴趣的树木并写生（40 分钟）

要求：找准树木特征，运用合适的表现方法，注意树干、树枝、树叶的取舍。

练习区域

课题评价表

课题评价点	评价标准	等级评价 (A/B/C/D)
1. 理解树木的基本生长规律	1. 树木形态表现基本准确。 2. 是否基本把握树木结构。	
2. 树干表现	1. 应用不规则、硬朗的线条表现树干。 2. 注意树干的粗细变化。 3. 表现出树干的结节特征。	
3. 树枝表现	1. 注意树枝粗细变化及遮挡关系。 2. 注意树枝与树干、树枝与树枝之间的穿插关系。 3. 不同树种、不同树枝的表现。	
4. 树叶表现	1. 注意树叶的轮廓与体积表现。 2. 树叶表现的取舍。	
改进计划		

课题三　石头、水体的表现技法（3 学时）

重点

掌握风景建筑速写中石头、水体的表现技法。

难点

石头和水体线条的处理。

1. 石头的表现技法

　　石头是常见的写生对象。石头的特点是比较坚硬，也比较难画。我们在表现石头时，可以多用直线，体现硬度感和阳刚感。不能看见什么就画什么，要学会进行概括和取舍。石头经常与水体结合，可适当用一些曲线，刚柔并济、硬软结合才能更好地表现出石头的特点。

刘涛

2. 水体的表现技法

　　在写生和景观设计中，水体是比较常见的。水是非常柔软的，因此绘画时也要表现这一特点。速写时可以比较多地采用曲线进行绘制，如用较小的波浪线描绘平静的水面，用大的曲线表现海水和湖面，与山石搭配，软硬结合，形成较好的对比关系。

刘涛

实训练习 临摹（40分钟）

要求：临摹一组石头和一组水体，用心体会曲线和直线的区别以及在实景中的应用，学会灵活处理画面。

练习区域

课题评价表

课题评价点	评价标准	等级评价 (A/B/C/D)
1. 石头的绘制方法	1. 直线是否应用自如。 2. 是否高度概括对象。 3. 能否灵活掌握各种石材的绘制。	
2. 水体的绘制方法	1. 曲线能否和水景有机结合。 2. 景观中水景和石头的整体协调。	
3. 画面取舍	1. 画面中取舍部分是否得当。 2. 画面中是否有留白。	
4. 整体效果	1. 线条肯定，保持流畅、平滑，疏密、曲直得当。 2. 主体物突出，前后关系明确。 3. 画面取舍是否合理。 4. 画面整体点线面、黑白灰是否到位。	
改进计划		

课题四　人物、汽车等配景的表现技法（3 学时）

重点

掌握风景建筑速写中人物、汽车、公共设施等常见配景的表现技法，并理解常见配景在风景建筑速写中的作用。

难点

汽车的透视比例把握，人物线条的穿插表现，公共设施的线条取舍。

1. 风景建筑配景概述

在风景建筑速写中，任何一个建筑物都不是孤立的，无论是建筑物的外部还是内部，都伴有相关的其他景物，这些景物在速写中称为风景建筑配景。风景建筑配景除了能使建筑速写看起来更加完整、生动外，还能让观者直观地感受到建筑所在的地域和空间：是城市还是郊外，是宽阔的广场还是小巧的庭院，是依山而建还是傍水而居。处理好风景建筑配景，能突出建筑的结构特色，烘托气氛。

风景建筑配景主要包括人物、汽车、公共设施等。

杨诺

2. 人物的表现技法

　　风景建筑速写中人物主要有以下三个作用：一是衬托建筑物的尺度；二是营造画面生动的生活气息，烘托场景气氛，如商业、休闲、娱乐等；三是由远近各点人物的不同大小增强画面的空间感。风景建筑速写中的人物宜用走、坐、站等姿态展现，个别场景也可运用骑车、奔跑等姿势。可单独表现，也可组合搭配，应画得简略概括，近景时甚至可以只画剪影。

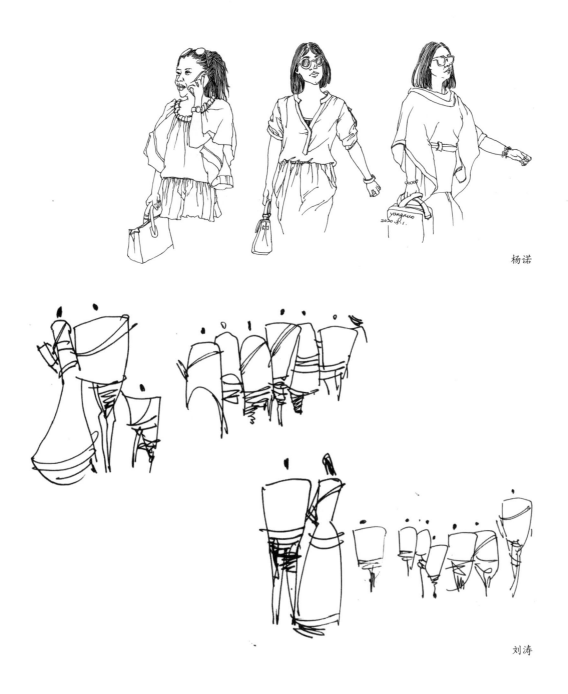

杨诺

刘涛

3. 汽车的表现技法

　　交通工具多用于表现生活气息，丰富速写画面效果。准确的透视关系和严谨的结构比例是表现交通工具的关键。要画好汽车，汽车的透视、形体与结构首先要准确。作为配景，只要表现出汽车的整体效果就可以了，不要画得过于细致，否则就喧宾夺主了。

　　我们可以将汽车复杂的外观造型概括为简单的几何形体，看作是长方体的组合，这样更易于准确表现汽车的形体和透视关系。

刘涛

杨诺

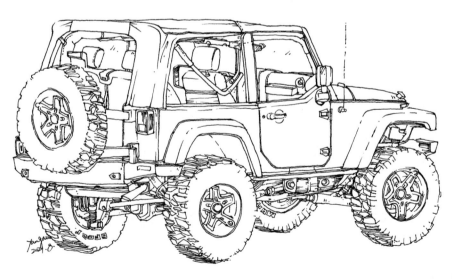

杨诺

4. 公共设施的表现技法

在风景建筑速写中，无论是表现郊外还是城市的场景，公共设施都是必不可少的配景。在表现公共设施时，刻画不用过于细致，应以主体建筑物为主，起到衬托作用即可。

杨诺

刘涛

实训练习一　配景临摹（20 分钟）

要求：请根据本课题图片选择不同的人物、汽车或公共设施进行临摹，注意不同配景线条的表现。

练习区域

实训练习二 配景写生（40 分钟）

要求：自行收集汽车、人物、公共设施图片资料，或者将感兴趣的配景拍照并写生，注意透视比例及线条的穿插关系。

练习区域

课题评价表

课题评价点	评价标准	等级评价（A/B/C/D）
1. 人物配景的表现	1. 不同人物近景、远景的表现手法不同，人物线条有取舍。 2. 注意线条穿插，抓住人物明显特征。	
2. 汽车配景的表现	1. 汽车透视基本准确。 2. 线条表现流畅。	
3. 公共设施配景的表现	1. 注意线条流畅。 2. 公共设施线条表现有取舍。	
改进计划		

6 单元

风景建筑速写
作品鉴赏

[2 学时]

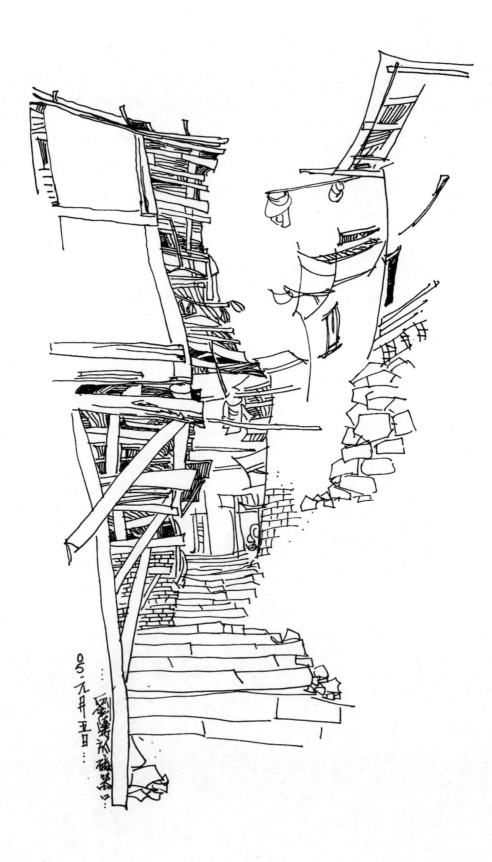

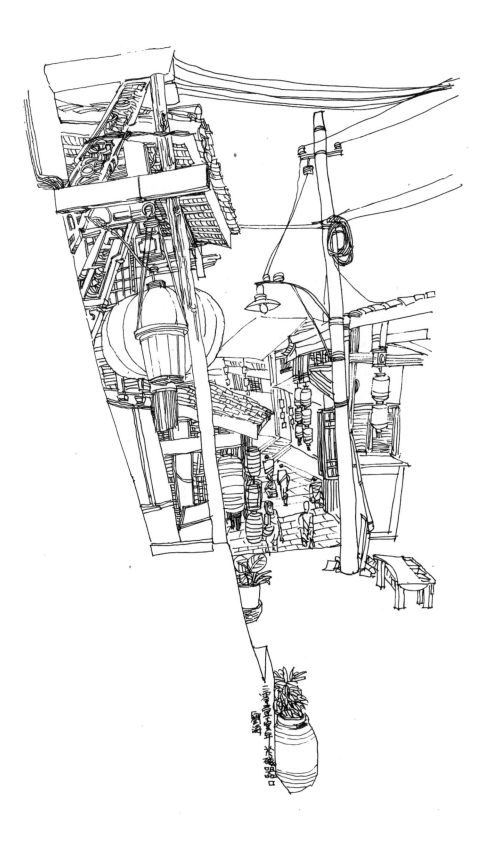

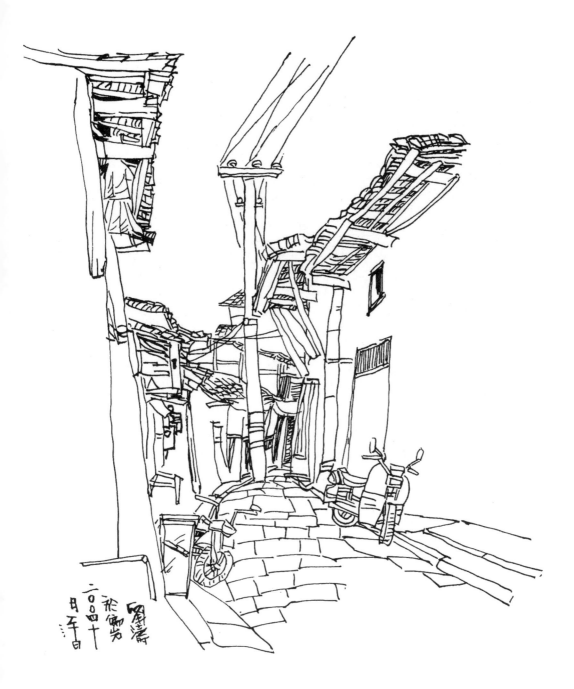

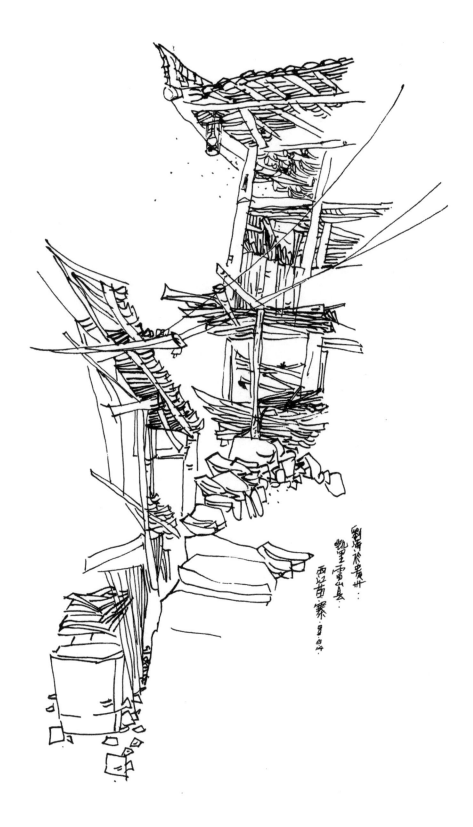

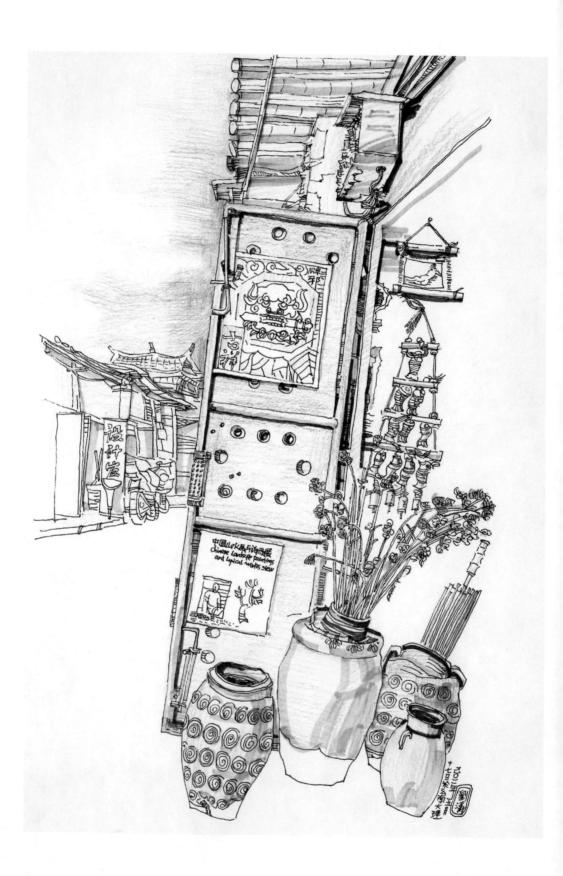

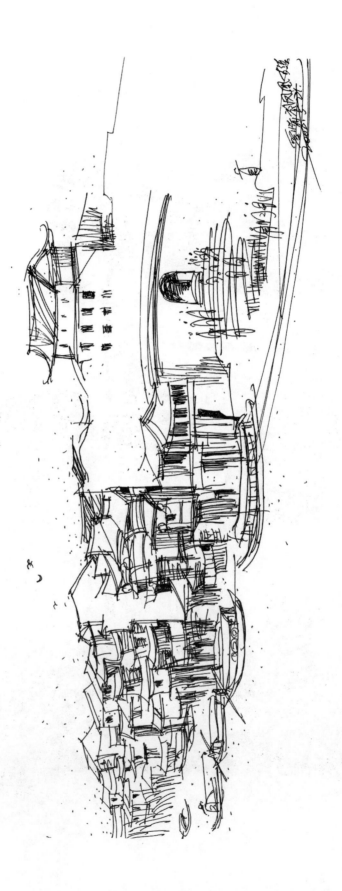

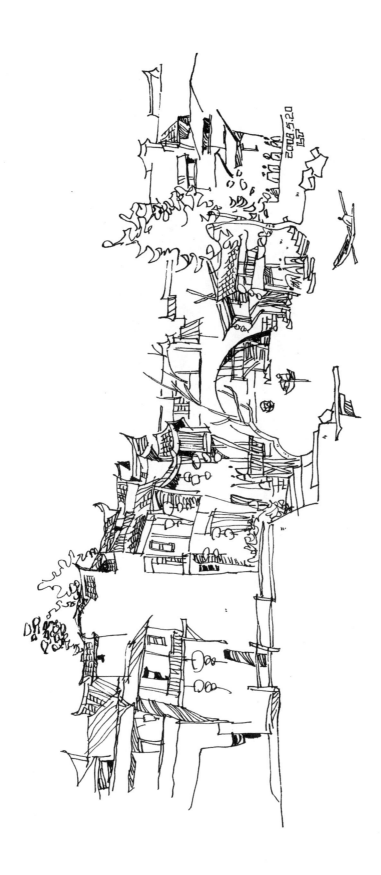

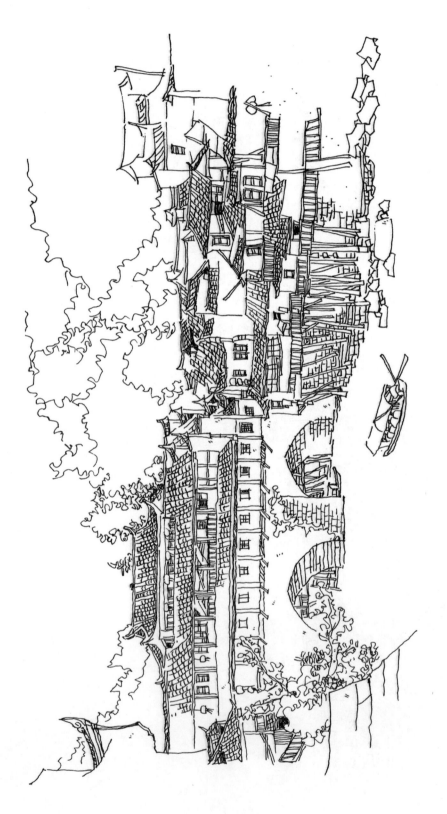

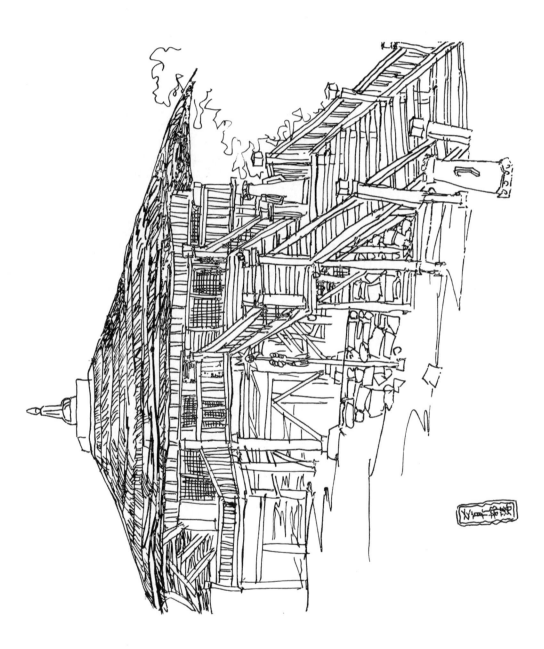

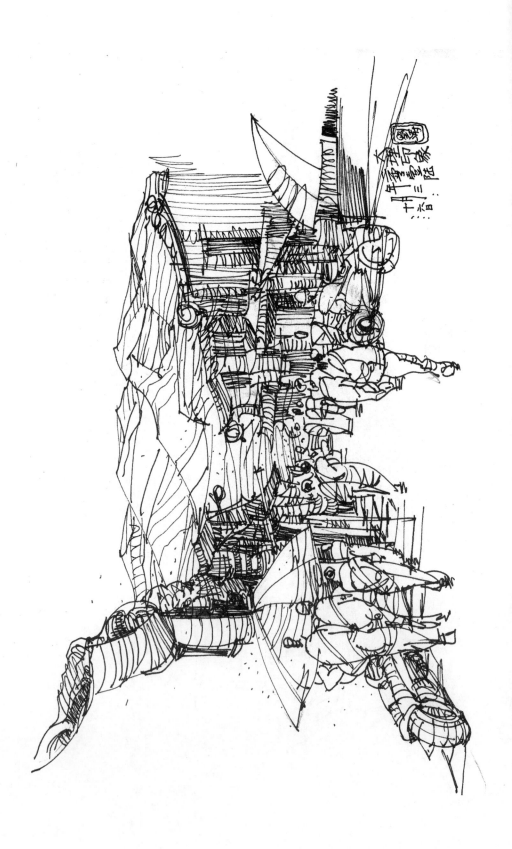

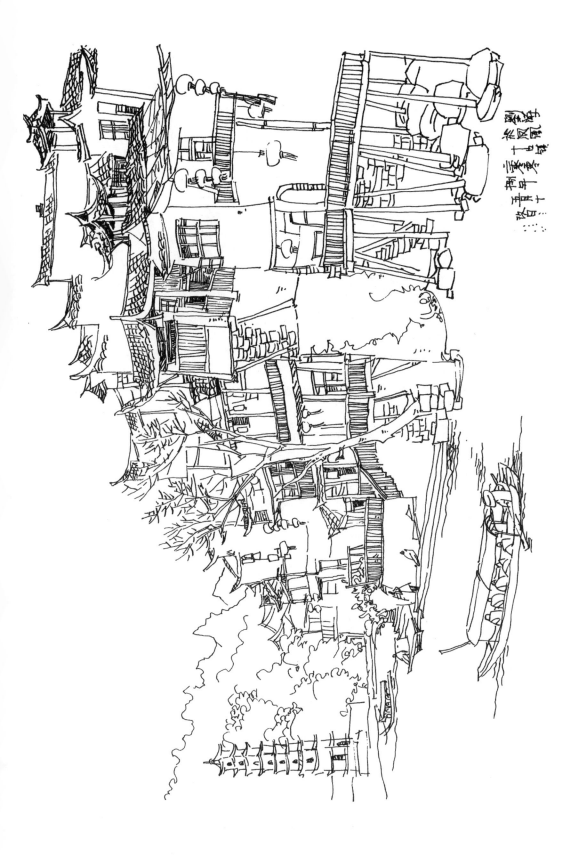

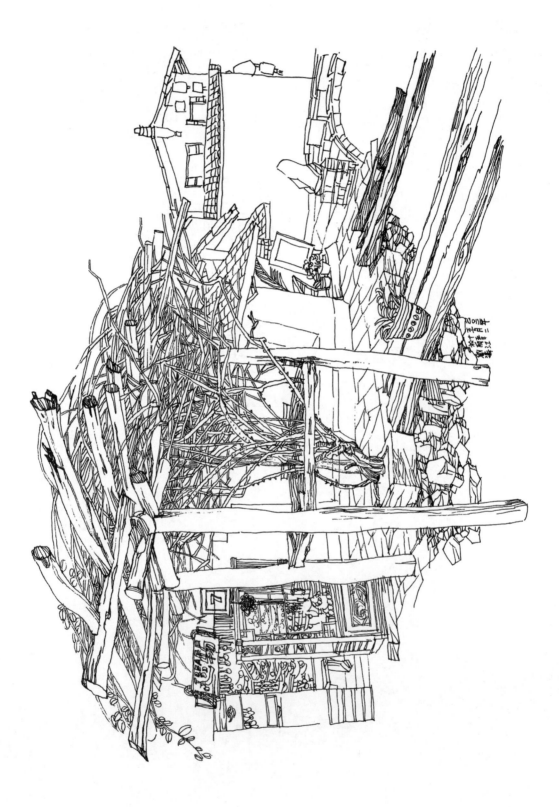

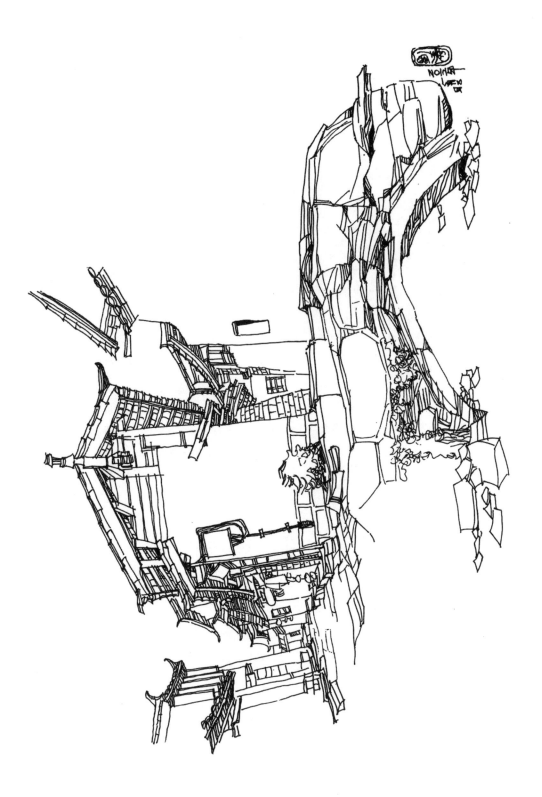

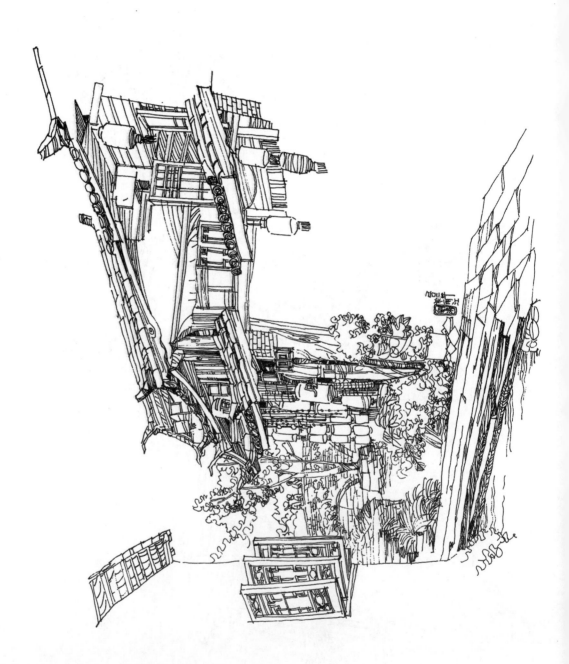

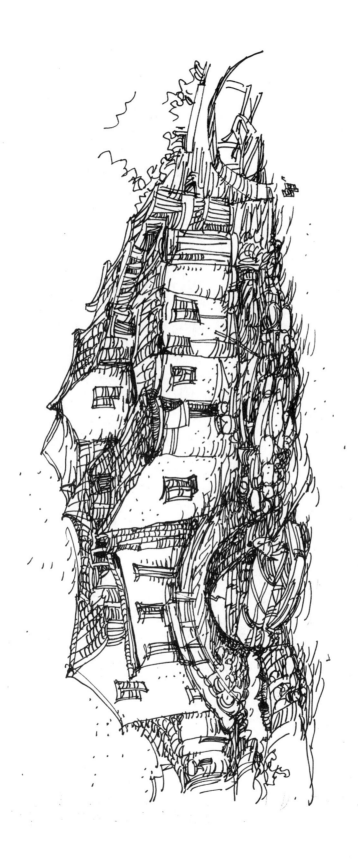

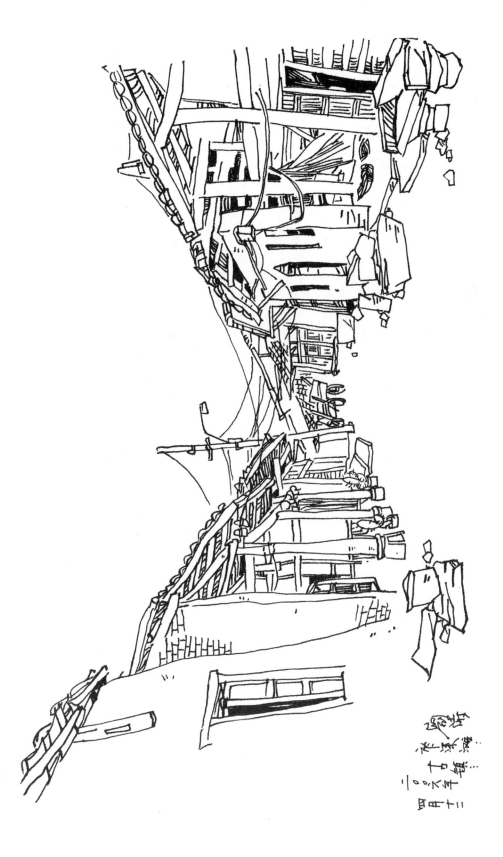

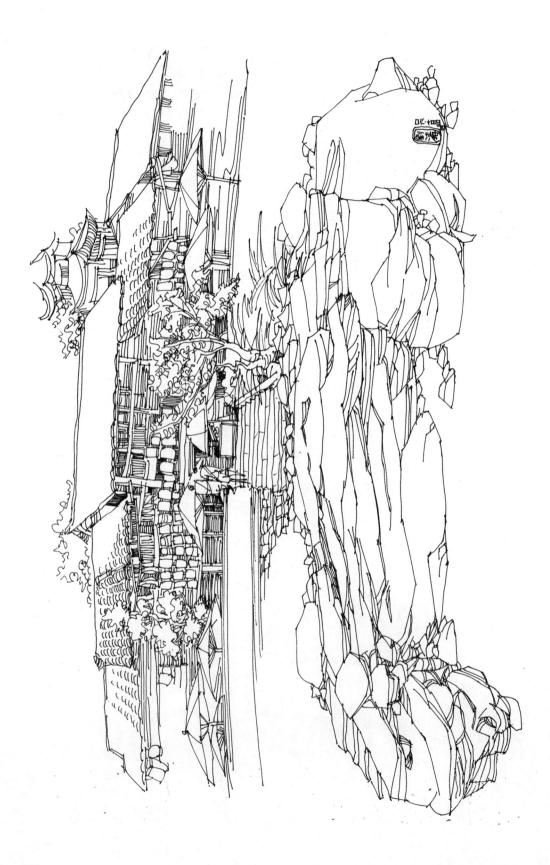

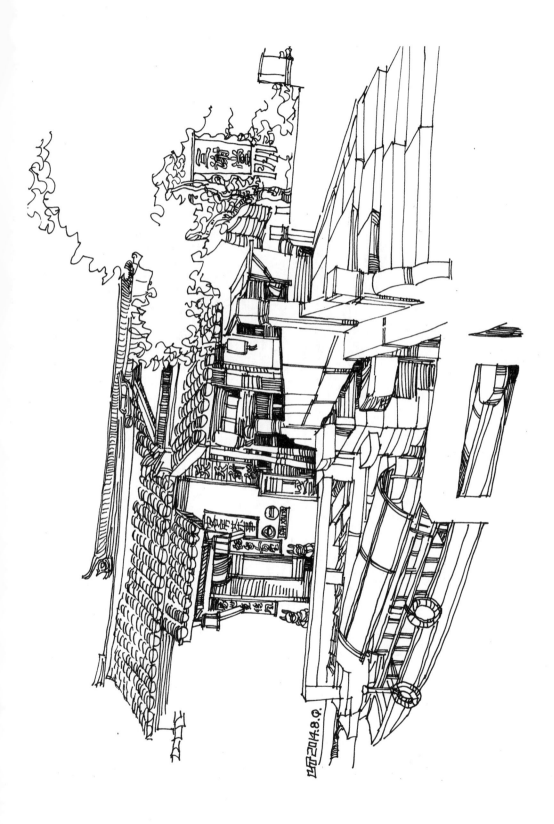

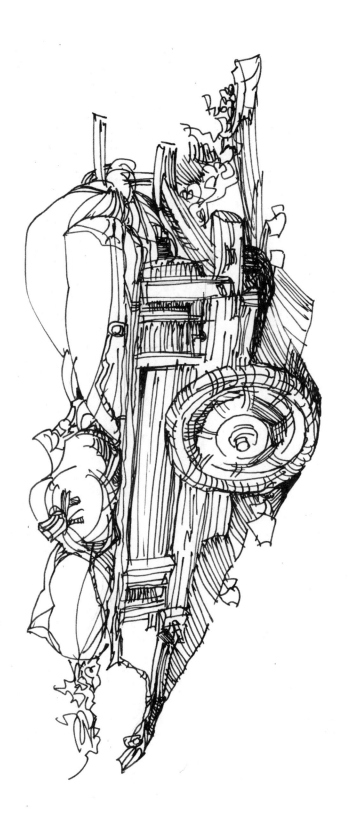

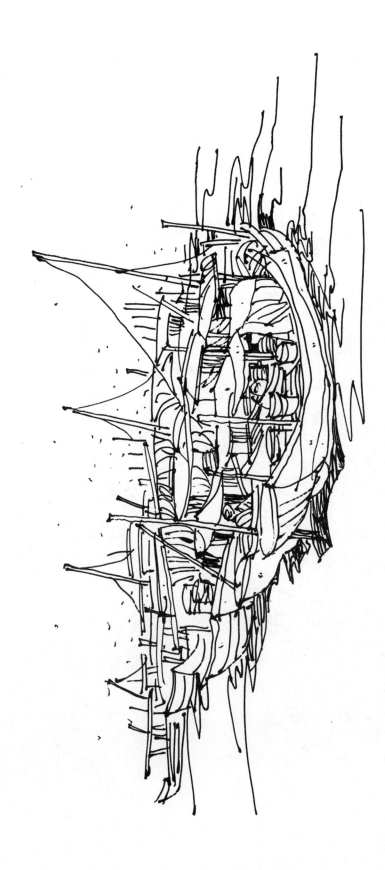

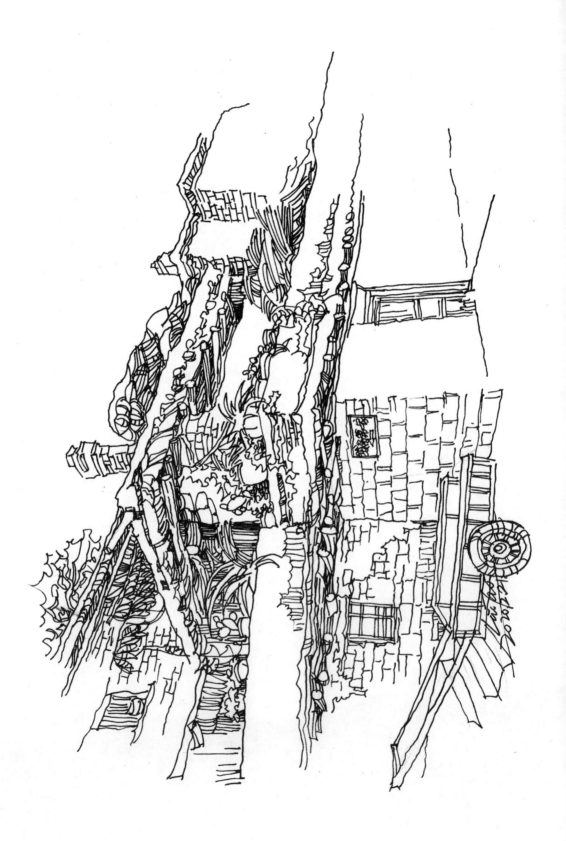

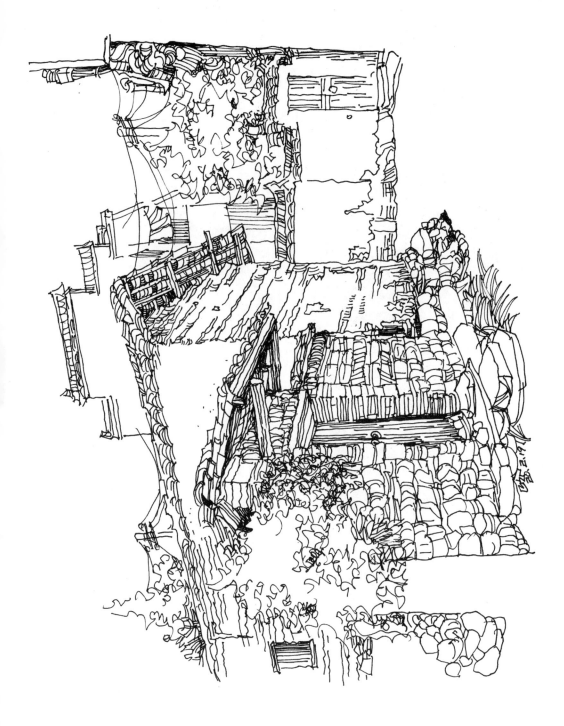